Sitzungsberichte

der

Heidelberger Akademie der Wissenschaften

Stiftung Heinrich Lanz

Mathematisch-naturwissenschaftliche Klasse

*) *Jahrgang 1921 erschien im Verlage von Carl Winters Universitätsbuchhandlung in Heidelberg.*

Im Verlag von Walter de Gruyter & Co. vormals G. J. Göschen'sche Verlagshandlung — J. Guttentag, Verlagsbuchhandlung — Georg Reimer — Karl J. Trübner — Veit & Comp., Berlin erschienen:

Abteilung A. Mathematisch-physikalische Wissenschaften.

Jahrgang 1922.

1. PERRON, OSKAR. Neue Summationsmethoden und Entwicklungen nach Polynomen. Reichsmark 0·30
2. PERRON, OSKAR. Über transzendente Funktionen auf RIEMANNschen Flächen. Reichsmark 0·60
3. BALDUS, RICHARD. Uber die singulären Punkte reeller Parameterkurven. Reichsmark 0·50

Jahrgang 1923.

1. DEECKE, W. Mitteleuropäische Meeresströmungen der Vorzeit. Reichsmark 0·60
2. LIEBMANN, HEINRICH. Die LIE'sche Cyklide und die Inversionskrümmung. Reichsmark 0·40
3. PERRON, OSKAR. Über Gleichungen ohne Affekt. Reichsmark 0·40
4. LIEBMANN, HEINRICH. Beiträge zur Inversionsgeometrie III. Reichsmark 0·40
5. KRATZERT, J. Beitrag zur Kenntnis des Andesins von Bodenmais. Reichsmark 0·50

Jahrgang 1924.

1. TH. CURTIUS und A. BERTHO. Einwirkung von Stickstoffkohlenoxyd und von Stickwasserstoffsäure unter Druck auf aromatische Kohlenwasserstoffe. Reichsmark 0·50
2. LIEBMANN, HEINRICH. Umkehrung des Variationsproblems der ebenen Affingeometrie. Reichsmark 0·60
3. SALOMON, WILHELM. Die Intensitäten alluvialer und diluvialer geologischer Vorgänge und ihre Einwirkung auf die pliocäne Rumpffläche des Kraichgaues und Odenwaldes. Reichsmark 1·20

[Fortsetzung siehe 3. Umschlagseite.]

*) Bestellungen auf solche Veröffentlichungen der math.-naturw. Klasse, welche früher im Verlag von Carl Winters Universitätsbuchhandlung in Heidelberg erschienen sind, nimmt auch der Verlag Walter de Gruyter & Co., Berlin, entgegen.

Sitzungsberichte
der Heidelberger Akademie der Wissenschaften
Stiftung Heinrich Lanz
Mathematisch-naturwissenschaftliche Klasse
Jahrgang 1926. 10. Abhandlung.

Der reelle Übergang zwischen den beiden nichteuklidischen Geometrien und ihrem Parallelenbegriff

Von

Ernst Roeser
in Bottrop.

(Mit 6 Figuren.)

Vorgelegt von Herrn Heinrich Liebmann
in der Sitzung vom 30. Oktober 1926

Berlin und Leipzig 1926
Walter de Gruyter & Co.
vormals G. J. Göschen'sche Verlagshandlung / J. Guttentag, Verlagsbuchhandlung / Georg Reimer / Karl J. Trübner / Veit & Comp.

Der reelle Übergang zwischen den beiden nichteuklidischen Geometrien und ihrem Parallelenbegriff.

Einleitung.

Es ist bekannt, daß man die hyperbolische Trigonometrie erhält, wenn man in der sphärischen den Radius imaginär einführt. LOBATSCHEFFSKIJ zeigte zuerst, wie man auf reellem Wege dem rechtwinkligen Dreieck der einen Ebene ein rechtwinkliges der andern Ebene zuordnet, von der Tatsache Gebrauch machend, daß auch auf der hyperbolischen Kugel mit reellem Zentrum die sphärische Geometrie gilt. Jedoch entsprechen sich auch noch andere Figuren in beiden Raumformen und lassen sich auseinander herleiten, so daß man allgemein von einem reellen Übergang reden kann. Beim schiefwinkligen Dreieck folgt mit dem reellen Zusammenhang zugleich der imaginäre. Die zusammengehörigen Strecken lassen sich leicht aus einander konstruieren. Bei der Spezialisierung auf das rechtwinklige Dreieck ergibt sich eine wesentliche Vereinfachung in Konstruktion und Formeln, es tritt dabei eine Vertauschung der Winkel ein. Der LOBATSCHEFFSKIJsche Zusammenhang folgt durch Bildung der Kette zugeordneter Dreiecke. Das Spitzeck bedingt ein sphärisches Stumpfeck und daraus folgt eine Beziehung zwischen der Parallelität zweier Linien in der einen Geometrie mit der in der andern.

§ 1.

Die Gleichungen des Dreiecks in beiden Ebenen.

Der Seitenkosinussatz der hyperbolischen Trigonometrie lautet:

$$1.\ \mathrm{ch}\,c = \mathrm{ch}\,a \cdot \mathrm{ch}\,b - \mathrm{sh}\,a \cdot \mathrm{sh}\,b \cos \nu$$

Ersetzt man die Seiten durch die zugehörigen Parallelwinkel, so folgt:

$$\frac{1}{\sin\gamma} = \frac{1}{\sin\alpha \cdot \sin\beta} - \cot\alpha \cdot \cot\beta \cdot \cos\nu,$$

oder die Komplemente mit α' β' γ' bezeichnet und anders geordnet:

$$2.\ \cos\gamma' = \cos\alpha' \cos\beta' + \sin\alpha' \sin\beta' \cos\nu \cos\gamma'$$

Das ist aber der sphärische Kosinussatz, wenn man den γ' gegenüber liegenden Winkel ν_1 als bestimmt ansieht durch die Gleichung:

$$\cos\nu_1 = \cos\nu \cos\gamma'$$

Verfährt man ebenso mit den Seiten b und c, so ergibt sich der Satz: Jedes hyperbolische Dreieck bestimmt ein sphärisches, dessen Seiten die Komplemente der Parallelwinkel des ersten Dreiecks und dessen Winkel bestimmt sind durch die Gleichungen:

$$3. \quad \begin{cases} \cos \lambda_1 = \cos \lambda \cdot \cos \alpha' = \dfrac{\cos \lambda}{\operatorname{ch} a} \\ \cos \mu_1 = \dfrac{\cos \mu}{\operatorname{ch} b} \\ \cos \nu_1 = \dfrac{\cos \nu}{\operatorname{ch} c} \end{cases}$$

Da die Nenner stets positiv und größer als 1 sind, so folgt: Sind die Winkel des hyperbolischen Dreiecks spitz, so sind es auch die sphärischen (wenn man die Beschränkung, daß sie kleiner als π sind, hinzunimmt), jedoch sind sie größer. Ist dagegen einer der hyperbolischen Winkel stumpf, so ist der entsprechende sphärische zwar auch noch stumpf, aber kleiner. Die beiden andern sind dann natürlich größer.

Ist aber einer z. B. $\nu = \frac{\pi}{2}$, so ist auch $\nu_1 = \frac{\pi}{2}$, wenn c endlich bleibt, d. h. es entsprechen sich rechtwinklige Dreiecke. Dann vereinfachen sich die Formeln 3. Es ist dann nämlich $\cos \lambda = \operatorname{ch} a \cdot \sin \mu$, also folgt:

$\cos \lambda_1 = \sin \mu$ und daher:

$$4. \quad \begin{cases} \lambda_1 = \dfrac{\pi}{2} - \mu \\ \mu_1 = \dfrac{\pi}{2} - \lambda \\ \nu_1 = \nu = \dfrac{\pi}{2} \end{cases}$$

Zum rechtwinkligen hyperbolischen Dreieck gehört mithin ein rechtwinkliges sphärisches, dessen Seiten die Komplemente der Parallelwinkel des ersten, dessen Winkel die Komplemente der Winkel des ersten sind, jedoch in vertauschter Lage.

Selbstverständlich läßt sich zeigen, daß bei Anwendung der Gleichungen 3 auch die Winkelkosinussätze ineinander übergehen.

§ 2.

Zusammenhang mit dem imaginären Übergang.

Die Gegenüberstellung der Gleichungen 1 und 2 zeigt, daß außer der reellen Substitution $\operatorname{ch} c = \frac{1}{\cos \gamma'}$ auch die rein formale Beziehung:

$$\operatorname{ch} c = \cos \gamma'$$

Gleichung 1 in 2 überführt. Da in diesem Falle γ' imaginär sein müßte, so folgt die bekannte Möglichkeit, den Übergang durch Imaginärwerdenlassen der Seiten zu bewerkstelligen. Die Winkelfunktionen werden unverändert übernommen. Es wird sich später zeigen, aus welchem Grunde Seiten und Winkel verschieden behandelt werden müssen. Es ist also:

$$\mathrm{ch}\, c = \frac{1}{\cos\gamma'} \quad \text{und}$$

$$\mathrm{ch}\, c = \cos\gamma_i', \quad \text{somit:}$$

$$(1) \quad \cos\gamma' \cdot \cos\gamma_i' = 1.$$

Ordnet man γ_i als Winkelgröße aufgefaßt ein imaginäres Parallellot zu, so folgt:

$$(2) \qquad \mathrm{th}\, c' \cdot \mathrm{th}\, c_i' = 1.$$

Die beiden Strecken, die den Übergang vermitteln, sind also konjugiert in bezug auf den absoluten Kreis.

§ 3.

Konstruktion der zugeordneten Dreiecke.

Denken wir uns auf der Ebene des Dreiecks A B C in den Ecken Lote errichtet und um eine der Ecken z. B. C eine Kugel mit dem Radius r beschrieben, wobei $\mathrm{sh}\, r = 1$ ist. In den durch die Lote bestimmten, auf A B C senkrechten Ebenen seien zu den Kanten des Prismas die Parallelen gezogen durch die Ecken A, B, C. Zwei davon schneiden aus der Kugeloberfläche sofort die beiden Seiten α' und β' heraus. Der Winkel, den sie einschließen, ist ν; damit er die richtige Größe ν_1 erhält, sind die beiden Seiten auseinanderzudrehen, und zwar so weit, bis die dritte Seite γ' das Dreieck schließt. γ' ergibt sich leicht, wenn man in der Ebene A B E′ E durch A die Parallele zu B E′ zieht bzw. durch B zu A E und um A bzw. um B den Kreis mit dem benutzten Kugelradius legt.

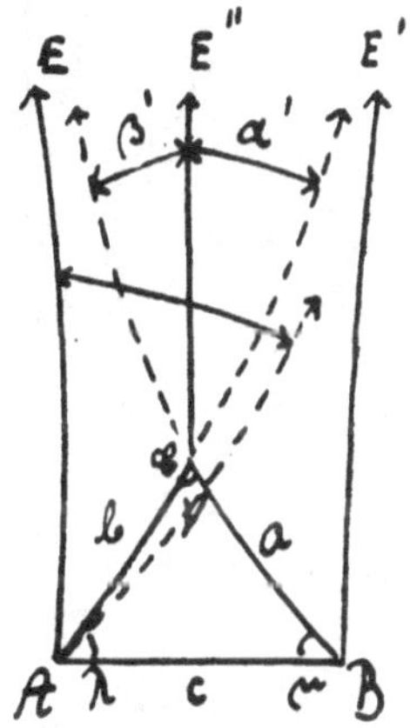

Fig. 1.

Handelt es sich aber um ein rechtwinkliges Dreieck ($\nu = \frac{\pi}{2} = \gamma_1$), so entsteht zwischen α' und β' sofort der richtige Winkel, somit sofort das geschlossene Dreieck. Das Ziehen der dritten Parallelen erübrigt sich. Die beiden andern Winkel sind die Komplemente von λ und μ in vertauschter Lage, so daß jetzt $\alpha'\ \frac{\pi}{2} - \mu$ gegenüberliegt.

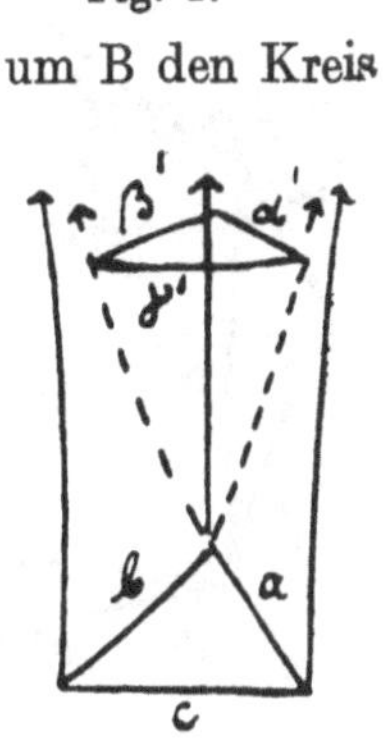

Fig. 2.

§ 4.

Die zugeordneten Fünfecke.

Wendet man die Konstruktion entsprechend auf das rechtwinklige Fünfeck an, so entstehen die sphärischen Seiten alle einzeln. Es ist um jede Ecke in jeder senkrechten Ebene der Kreis zu beschreiben. Legt man die Mittelpunkte zusammen, so entsteht ein Kugelsektor, die Kreisbogen schließen sich zum sphärischen Fünfeck, das die fünf Dreiecke in der bekannten Weise abzulesen gestattet.

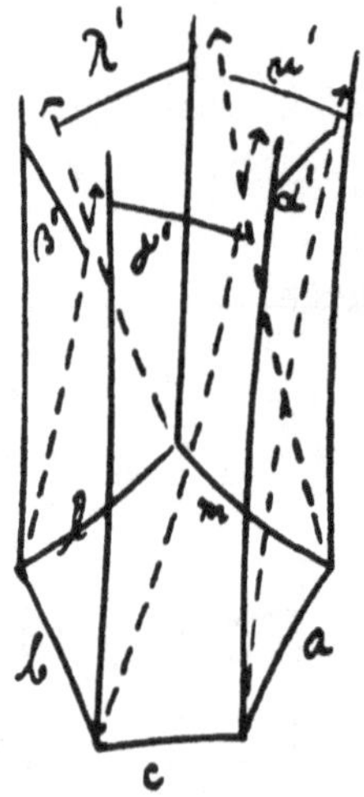

Fig. 3.

Es seien hier nochmal die Fünfecke beider Geometrien einander gegenübergestellt, um die Vertauschung ins rechte Licht zu setzen. Die Fünfecke sollen sich genau entsprechen, wie es sich ja auch aus Abb. 3 ergibt. Die Vertauschung tritt dann bei den Dreiecken ein. Wie sie sich rechnerisch ergibt, zeigen die Gleichungen 4 in § 5. Geometrisch hat sie zur Folge, daß die rechtwinkligen Dreiecke der Figur II durch Verlängerung der Fünfecksseiten entstehen und daher die Fünfeckswinkel bestimmt sind, also keine neuen Elemente hinzutreten. Sie sind durch denselben Zyklus der ursprünglichen Stücke im gleichen Drehungssinn festgelegt. In Figur I ist ebenfalls der ursprüngliche Zyklus in den Dreieckswinkeln vorhanden, wenn wir die homologen Winkel nehmen, der Zyklus entsteht dann natürlich zweimal.

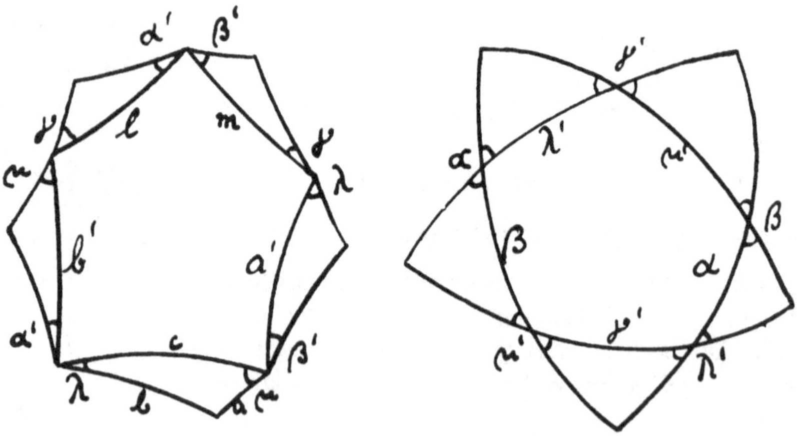

I. Fig. 4. II.

Es bleibt noch die Tatsache zu erklären, daß hyperbolisch der Kosinus gleich den Kotangenten der anliegenden Stücke und gleich dem Sinus der gegenüberliegenden Stücke ist, sphärisch aber umgekehrt. Die imaginäre Zuordnung gibt hierauf keine Antwort, wohl aber die reelle. Es folgt z. B. aus Figur I:

$$\begin{aligned} \mathrm{ch}\,c &= \mathrm{c\,th}\,a' \cdot \mathrm{c\,th}\,b' \\ &= \mathrm{ch}\,a \cdot \mathrm{ch}\,b \quad \text{oder:} \\ \cos\gamma' &= \sin\alpha \cdot \sin\beta \end{aligned}$$

in Übereinstimmung mit dem Satz für Figur II.

§ 5.

Spitzeck und Stumpfeck. Die Parallelen.

Es sei ein Spitzeck mit den beiden zugeordneten Dreiecken gegeben (Fig. 5). Der Winkel λ werde durch die Diagonale in die beiden Teile λ_1 und λ_2 zerlegt. Konstruiert man wie in Fig. 2 zu den beiden so entstandenen Teildreiecken die entsprechenden sphärischen Dreiecke und legt die Mittelpunkte der zur Konstruktion notwendigen Kreise wieder zusammen, so entsteht ein Stumpfeck. Da die Winkel sich vertauschen, so tritt an Stelle des rechten Winkels im Spitzeck hier der Winkel $\frac{\pi}{2} - \lambda_1 + \frac{\pi}{2} - \lambda_2 = \pi - \lambda$, an Stelle des Winkels λ aber treten die Komplemente der beiden Winkel, die zusammen $\frac{\pi}{2}$ sind, also $\frac{\pi}{2}$.

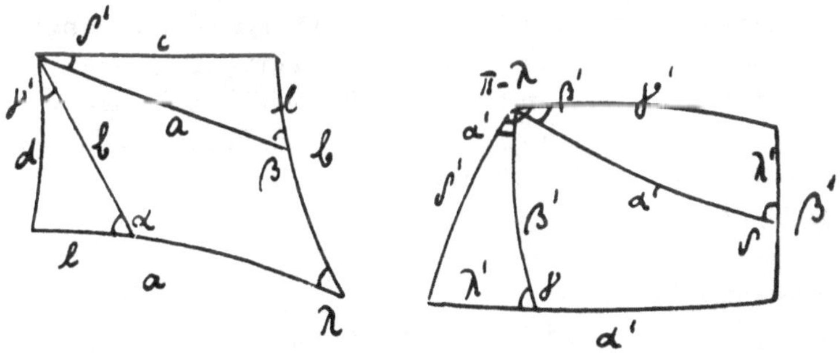

I. Fig. 5. II.

In I ist bekanntlich a parallel zu a (Parallelenkonstruktion). Aber auch in II wird α' parallel zu α', wenn wir aus der Ebene herausgehen. Es ist noch zu zeigen, daß auch die sphärischen Dreiecke in das Viereck hineinfallen. In I ist nämlich $\beta < \lambda$, denn β auf λ gelegt, würde den freien Schenkel (der andere auf b) parallel zu c haben. Folglich: $\beta' > \lambda'$, der Eckpunkt des Dreiecks fällt auf die Vierecksseite selbst, nicht auf die Verlängerung.

Es seien nun die Dreiecke aufgerichtet, d. h. um c und γ' um $\frac{\pi}{2}$ gedreht. In II sei das Dreieck noch um das zur Zeichenebene senkrechte λ' um π gedreht und längs γ' bis zur stumpfen Ecke verschoben (Fig. 6). Ebenso die beiden andern Dreiecke.

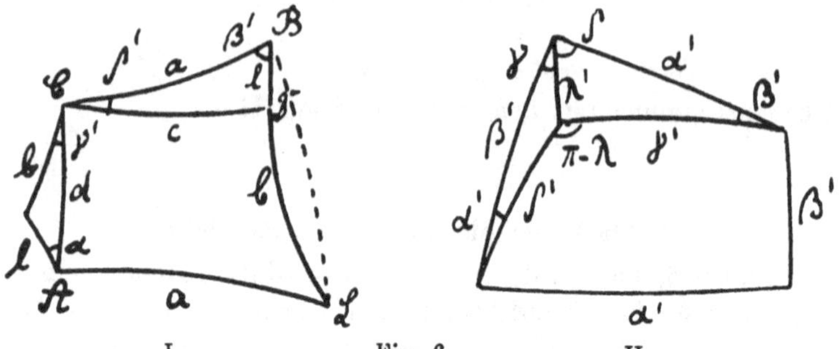

Fig. 6.

Dann zeigt sich, daß α' die Cliffordsche Parallele zu α' ist. Es ist genau die Figur entstanden, mit deren Hilfe diese Parallele konstruiert wird.[1])

Auch in Fig. I haben die beiden Punkte B und L denselben Abstand a von d. Um L in die Lage B überzuführen, möge a $\perp$ d an d entlang gleiten, L soll beständig in der senkrechten Ebene L D B bleiben. Dann beschreibt L eine krumme Linie, die der Cliffordschen Parallele entspricht. Welche Form hat sie? Sie ist der Schnitt des Abstandszylinders mit der Achse d und dem Radius a[2]) mit der auf c senkrechten Ebene (Fig. I punktiert). Sei c die ξ-Achse, d die ζ-Achse und die Senkrechte auf dem Spitzeck in C die η-Achse, die Koordinaten seien die Abschnitte auf diesen Achsen, wenn man vom Punkte die Lote darauf fällt. Außerdem seien th ξ, th η, th ζ durch x y z ersetzt. Dann hat die Ebene B D L die Gleichung:

$$\xi = c. \tag{1}$$

Der Abstandszylinder aber:

$$x^2 + y^2 = \text{th}^2\, a\,(1 - z^2). \tag{2}$$

Also die Durchschnittskurve:

$$y^2 + z^2\, \text{th}^2\, a = \text{th}^2\, a - \text{th}^2\, c \quad \text{oder:}$$

$$\frac{y^2}{\text{th}^2\, a - \text{th}^2\, c} + \frac{z^2\, \text{th}^2\, a}{\text{th}^2\, a - \text{th}^2\, c} = 1. \tag{3}$$

Das ist eine Ellipse.

---

1) Vgl. Liebmann, Nichteuklidische Geometrie, de Gruyter § 30.

2) Heidelberger Sitzungsberichte: Die gnomonische Projektion in der hyperbolischen Geometrie. 1925. 9. Abhandlung § 7.

$$\text{Für } y = o \text{ ist } z^2 = 1 - \frac{th^2 c}{th^2 a} = 1 - \cos^2 \delta' = \cos^2 \delta = th\, d$$

$$\zeta = d.$$

$$\text{Für } z = o \text{ ist } y^2 = th^2 a - th^2 c = th^2 a \left(1 - \frac{th^2 c}{th^2 a}\right) = th^2 a \cdot \cos^2 \delta$$

$$th\, \eta = th\, a \cdot th\, d.$$

§ 6.

Die Trigonometrie der projizierenden Strahlen.

Denkt man sich das sphärische Dreieck aus dem Mittelpunkt der Kugel projiziert, so sind die Gleichungen zwischen den Seiten und Winkeln nichts anderes als Beziehungen zwischen den Winkeln und Ebenenwinkeln der so entstandenen dreiseitigen Ecke. Ebenso wird das hyperbolische Dreieck projiziert durch drei Strahlen, die auf einer Ebene senkrecht stehen, das Dreieck liegt auf einer Abstandsfläche und das euklidische Dreieck durch drei parallele Strahlen, es liegt auf einer Grenzkugel. Hält man also die drei Ecken des sphärischen Dreiecks fest und läßt den Mittelpunkt der Kugel weitergleiten, so geht diese allmählich in die Grenzkugel über.

Um nicht zu lange Gleichungen zu bekommen, wählen wir ein rechtwinkliges Dreieck und greifen die Formel heraus:

$$\text{(1)} \qquad \operatorname{tg} \lambda = \frac{\operatorname{tg} \frac{a}{sh\, r}}{\sin \frac{b}{sh\, r}}$$

Die beiden Winkel $\frac{a}{sh\, r}$ und $\frac{b}{sh\, r}$ werden immer kleiner und schließlich Null, während λ zwar auch kleiner wird, aber immer einen endlichen Wert behält. Schließlich erhält man den Grenzwert:

$$\text{(2)} \qquad \operatorname{tg} \lambda = \frac{a}{b}.$$

Die Winkel sind zu Null geworden, ihr Quotient aber ist endlich geblieben. Drehen sich die Strahlen noch weiter, so treffen sie sich nicht mehr, sie stehen auf einer gemeinsamen Ebene senkrecht. Das so entstandene kleine Dreieck rückt aus dem Endlichen heran. Die Strahlenbeziehung drückt sich aus durch:

$$\text{(3)} \qquad \operatorname{tg} \lambda = \frac{th \frac{a}{sh\, r_1}}{sh \frac{b}{ch\, r_1}}$$

Der Übergang von 2 zu 3 aber wird erreicht, indem man $r = \frac{\pi i}{2} + r_1$ setzt. Das ist der imaginäre Übergang. Die Formeln 1 und 3 vereinfachen sich für eine Kugel, für die $\operatorname{sh} r = 1$ und für eine Abstandsfläche, für die $\operatorname{ch} r_1 = 1$ und $r_1 = 0$ ist, d. h. für die Ebene, denn sie ist die Abstandsfläche mit dem Abstand Null, geht also durch den Mittelpunkt der Kugel.

Es ist einleuchtend, daß die Funktion $\operatorname{tg} \lambda$ nicht zu verändern ist, denn λ ändert seine Natur nicht, es ist immer der reelle Winkel zweier Ebenen, während $\frac{a}{\operatorname{sh} r}$ eine Winkelgröße, $\frac{a}{\operatorname{ch} r_1}$ ein gemeinsames Lot ist. Der Übergang ist ein rein formaler, die a, b und λ der drei Gleichungen sind voneinander unabhängige Größen, wenn nicht noch besondere Annahmen gemacht werden.

Wir können aber auch λ sich seiner Natur nach ändern lassen. Wenn wir der Hypotenusenebene gestatten, von den Kathetenebenen fortzurücken, wird sie diese schließlich nicht mehr in einer Kante schneiden, sondern gemeinsame senkrechte Ebenen mit ihnen haben. Um den Übergang herzustellen, wäre λ auch zunächst durch einen Kreisbogen um seinen Scheitel dividiert durch $\operatorname{sh} r$ zu messen, und dann müßte man wie oben vorgehen. Die Ebene, in der der Mittelpunkt fortgleitet, liegt jetzt in der Ebene des Dreiecks. Dann hat das ursprüngliche projizierende Büschel, das zur Dreiecksfläche senkrecht steht, nicht mehr drei Strahlen, sondern vier oder fünf, die Schnittfigur mit einer Abstandsfläche ist ein Spitzeck oder rechtwinkliges Fünfeck. Liegt der Mittelpunkt aber im Endlichen, so gibt es ein sphärisches Stumpfeck oder Fünfeck. Man erhält also zu den hyperbolischen Figuren stets entsprechende sphärische.

Jede Erscheinung der hyperbolischen Geometrie findet ein Analogon in der sphärischen. Dieser imaginäre, rein formale Zusammenhang entsteht also durch Schnitt verschiedener Strahlenbüschel mit den dazugehörigen senkrechten Flächen.

Ganz anders der reelle, metrische Übergang. Er entsteht, wenn man eins der drei Strahlenbüschel durch eine nicht dazugehörige Fläche schneidet. Der rechte Winkel bleibt dabei nur beim Dreieck erhalten, nur diese Figur ergibt sich geschlossen. Das Spitzeck läßt sich in zwei rechtwinklige Dreiecke zerlegen, der dritte rechte Winkel geht in einen stumpfen über, der spitze aber in einen rechten, infolge der Vertauschung der Dreieckswinkel.

In § 1 wurden drei zu einer Ebene senkrechte Strahlen durch eine Kugel geschnitten (rechtwinkl. Dreieck). Dadurch übertragen sich die

Maßverhältnisse des hyperbolischen Büschels auf ein sphärisches. Rücken Kugelmittelpunkt und Grunddreieck (Fig. 2) ins Unendliche, so tritt der euklidische Fall ein, die Gleichung:

$$\mathrm{ch}\,\frac{c}{\mathrm{ch}\,r} = \frac{1}{\cos\dfrac{\gamma'}{\mathrm{sh}\,r}}$$

geht durch Grenzübergang in die Gleichung über:

$$1+\frac{1}{2}\left(\frac{c}{\mathrm{ch}\,r}\right)^2 = \frac{1}{1-\dfrac{1}{2}\left(\dfrac{\gamma'}{\mathrm{sh}\,r}\right)^2}$$

$$c = \gamma'.$$

Der Übergang ist identisch.

§ 7.

Betrachtungen im sphärisch-elliptischen Raum.

Um zum sphärisch-elliptischen Raum überzugehen, müssen wir noch die Raumkonstante k hinzunehmen. Die Winkel sollen durch die einfachen Buchstaben λ μ ν bezeichnet werden. Die Größen c und γ', verknüpft durch die Gleichung:

$$\frac{\pi}{2} \quad \Pi(c) = \gamma',$$

müssen durch die Bogen ersetzt werden. Sei die zu c gehörige Abstandslinie jetzt c, der zu γ' gehörige Kreisbogen c_1, so bestehen die abgeleiteten Gleichungen zwischen den Größen $\dfrac{c}{\mathrm{ch}\,r}$ und $\dfrac{c_1}{\mathrm{sh}\,r_1}$, wobei c c_1 r und r_1 noch durch die Raumkonstante k zu dividieren sind. Sie soll gleich wieder 1 gesetzt werden, sobald der Übergang geleistet ist. Die Gleichungen 1 und 2 von § 1 lauten daher zunächst abgekürzt:

$$\text{(1)} \qquad \mathrm{ch}\,\frac{\dfrac{c}{k}}{\mathrm{ch}\,\dfrac{r}{k}} = \mathrm{ch}\,\frac{\dfrac{a}{k}}{\mathrm{ch}\,\dfrac{r}{k}}\cdot \mathrm{sh} - \mathrm{ch}\cdot \mathrm{sh}\cdot \cos\nu$$

$$\text{(2)} \qquad \cos\frac{\dfrac{c_1}{k}}{\mathrm{sh}\,\dfrac{r_1}{k}} = \cos\cdot\cos + \sin\cdot\sin\cos\nu_1.$$

Gleichung 1 bezieht sich also auf eine Abstandsfläche mit dem Abstand r von der Ebene, 2 auf eine Kugel mit dem Radius r, deren Mittelpunkt wir in der Ebene liegend annehmen.

Es ist bekannt, daß der imaginäre Übergang von 1 zu 2 stattfindet, wenn gesetzt wird:

$$\frac{r}{k} = \frac{r_1}{k} + \frac{\pi i}{2} \tag{3}$$

Ersetzt man aber in 1 und 2 k durch k i, so ergeben sich die Gleichungen für den sphärisch-elliptischen Raum (k = 1):

$$\cos \frac{c}{\cos r} = \cos \frac{a}{\cos r} \cos \frac{b}{\cos r} + \sin \frac{a}{\cos r} \sin \frac{b}{\cos r} \cos \nu \tag{4}$$

$$\cos \frac{c_1}{\sin r_1} = \cos \frac{a_1}{\sin r_1} \cos \frac{b_1}{\sin r_1} + \sin \frac{a_1}{\sin r_1} \sin \frac{b_1}{\sin r_1} \cos \nu_1. \tag{5}$$

Auch die Abstandsfläche geht hier in eine Kugel über, auf beiden Flächen gilt die sphärische Geometrie. Es gibt nur eine Art von Strahlenbüscheln, also auch nur eine Art von dazu senkrechten Flächen. Gleichung 4 nimmt die Form 5 an für $r = \frac{\pi}{2} - r_1$, die Gleichung:

$$\frac{r}{k} = \frac{\pi}{2} - \frac{r_1}{k} \tag{6}$$

entspricht also der Gleichung 3.

Der imaginäre Übergang der hyperbolischen Geometrie ist in der sphärischen Geometrie reell. Er wird auch dargestellt durch die Gleichung:

$$\operatorname{ch} \frac{c}{\operatorname{ch} r} = \cos \frac{c_1}{\operatorname{sh} r_1} \quad (k = 1). \tag{7}$$

Das wird hier

$$\cos \frac{c}{\cos r} = \cos \frac{c_1}{\sin r_1}. \tag{8}$$

Dafür wird der reelle hyperbolische Übergang hier imaginär, denn er beruht auf dem Begriff des Parallelwinkels. Es war:

$$\operatorname{ch} \frac{c}{\operatorname{ch} r} = \frac{1}{\cos \frac{c_1}{\operatorname{sh} r}},$$

das wird hier:

$$\cos \frac{c}{\cos r} = \frac{1}{\cos \frac{c_1}{\sin r_1}} \tag{9}$$

Um eine ähnliche Vereinfachung der Formeln zu erzielen wie in § 1, seien die Konstanten der beiden Kugeln wieder gleich gemacht. Also:

$$\cos r = \sin r_1.$$

Dies tritt ein für $r = 0$ und $r_1 = \frac{\pi}{2}$, 8 und 9 gehen über in:

$$c = c_1, \tag{10}$$

$$\cos c = \frac{1}{\cos c_1}. \tag{11}$$

Die erste Transformation wird identisch. Welche geometrische Bedeutung hat sie? Die eine Kugel $r = 0$ schrumpft zum Punkt zusammen. Trotzdem behält Gleichung 4 einen Sinn, wenn man sie von vornherein auffaßt als Gleichung zwischen den durch das Kugeldreieck bestimmten Strahlen, sie ist dann von der Größe des Radius unabhängig. Die zweite Kugel erhält aber den Radius $\frac{\pi}{2}$, d. h. es ist die sphärische Ebene. Die Ecke schneidet aus ihr ein Dreieck aus, dessen Maßverhältnisse, entsprechend gemessen mit denen der Ecke, übereinstimmen.

Die Gleichung 10 erhält man auch, wenn man $r = r_1 = \frac{\pi}{4}$ setzt, dann werden die beiden Kugeln gleich. 11 aber wird:

$$\cos\frac{c}{\sqrt{2}} = \frac{1}{\cos\frac{c_1}{\sqrt{2}}}.$$

Die beiden Gleichungen 4 und 5 lauten für $r = 0$; $r_1 = \frac{\pi}{2}$:

$$\cos c = \cos a \cos b + \sin a \sin b \cos \nu \quad \text{und}$$

$$\cos c_1 = \cos a, \cos b_1 + \sin a, \sin b, \cos \nu_1.$$

In der Tat geht die erste in die zweite über, wenn man setzt:

$$\cos c = \frac{1}{\cos c_1}, \text{ dann ist } \sin c = i \operatorname{tg} c_1,$$

$$\frac{1}{\cos c_1} = \frac{1}{\cos a_1} \cdot \frac{1}{\cos b_1} - \operatorname{tg} a_1 \operatorname{tg} b_1 \cos \nu,$$

$$\cos c_1 = \cos a \cos b_1 + \sin a_1 \sin b_1 \cos \nu_1, \text{ wobei:}$$

$$\cos \nu_1 = \cos \nu \cdot \cos c. \tag{12}$$

Die Seiten dieses Dreiecks sind imaginär. Bezeichnen wir sie im hyperbolischen Raum mit γ und γ'_i, so ist

$$\cos c = \cos \gamma',$$

$$\cos c = \frac{1}{\cos \gamma'_i} \text{ also auch hier:}$$

$$\cos \gamma' \cdot \cos \gamma'_i = 1. \tag{13}$$

4. HEFFTER, L. Zur absoluten Geometrie. Reichsmark 0·60
5. VAN WERVEKE, L. Über die Entstehung der lothringischen Lehme und des mittelrheinischen Lößes. Reichsmark 1·50
6. KRULL, WOLFGANG. Die verschiedenen Arten der Hauptidealringe Reichsmark 0·50
7. ROESER, ERNST. Übergang von der nichteuklidischen Streckentrigonometrie zur Winkelmessung. Reichsmark 0·30
8. WELLSTEIN, JULIUS. Zur Differentialgeometrie der isotropen Kurven. Reichsmark 1·50
9. EWALD, RUDOLF. Die geodynamischen Erscheinungen des krystallinen Odenwaldes als Beispiel einer geoisostatischen Ausgleichsschwingung. Reichsmark 1·50
10. VOELCKER, ILSE. Über eine ganz junge Verwerfung bei Rauenberg im Kraichgau. Reichsmark 0·30
11. LIEBMANN, HEINRICH. Die Aufschließung von Differentialinvarianten Reichsmark 0·50

Abteilung B. Biologische Wissenschaften.

Jahrgang 1923.

1. KOSSEL, A. und R. E. GROSS. Über die Darstellung und quantitative Bestimmung des Arginins. Reichsmark 0·30

Von Jahrgang 1925 ab findet die Trennung in Abteilung A und B nicht mehr statt.

Jahrgang 1925.

1. HEFFTER, LOTHAR. Zur absoluten Geometrie II. Reichsmark 0·50
2. ROESER, ERNST. Die komplementären Figuren der nichteuklidischen Ebene. Reichsmark 0·50
3. FLADT, KUNO. Neuer Beweis für die Zuordnung von rechtwinkligem Dreieck und Spitzeck in der hyperbolischen Elementargeometrie. Reichsmark 0·30
4. SALOMON, WILHELM. Beobachtungen über Harnische. Reichsmark 0·70
5. LOEWY, A. Beiträge zur Algebra. 1—4. Reichsmark 1·—
6. HELLPACH, WILLY. 2. Mitteilung zur Physiognomik der deutschen Volksstämme. Reichsmark 0·30
7. LOEWY, ALFRED. Neue elementare Begründung und Erweiterung der Galoisschen Theorie. Reichsmark 2·—
8. CURTIUS, THEODOR und BERTHO, ALFRED. Einwirkung von Stickstoffkohlenoxyd und von Stickstoffwasserstoffsäure unter Druck auf aromatische Kohlenwasserstoffe. Reichsmark 0·40
9. ROESER, ERNST. Die gnomonische Projektion in der hyperbolischen Geometrie. Reichsmark 0·70
10. RASCH, G. Über die Ausnützung der Gezeiten des Meeres zur Energiegewinnung. Reichsmark 0·80
11. SALOMON, WILHELM. Magmatische Hebungen. Reichsmark 1·20

12. Pütter, A. Altersbestimmungen an Drachenbäumen von Tenerife. Reichsmark 0·90

13. Volk, Otto. Über geodätische rhombische Kurvennetze auf krummen Flächen, insbesondere auf Flächen konstanter Krümmung. Reichsmark 1·10

14. Roeser, Ernst. Die Fundamentalkonstruktion der hyperbolischen Geometrie. Reichsmark 1·40

15. Rüger, L. und Rüger-Haas, P. Palaeosemaeostoma geryonides v. Huene sp., eine sessile Meduse aus dem Dogger von Wehingen in Württemberg und Medusina liasica nov. sp., eine Coronatenähnliche Meduse aus dem mittleren Lias von Hechingen in Württemberg. Reichsmark 1·50

Jahrgang 1926.

1. Wolfgang Krull. Theorie und Anwendung der verallgemeinerten Abelschen Gruppen. Reichsmark 1·70.

2. Georg Klebs. Über periodisch wachsende tropische Baumarten. Reichsmark 1·20

3. Max Müller. Über die Oberfläche von Flächenstücken. Reichsmark 1·20.

4. Max Ernst, Über Anlagen von Organen, die nicht zur Ausbildung gelangen. Reichsmark 0·50

5. Emil Ernst. Die optischen Eigenschaften des Andesins von Bodenmais. Reichsmark 1·10

6. Wilhelm Liepmann. Leichengeburt bei Ichthyosauriern. Reichsmark 0·90.

7. Georg Klebs. Über die Längenperiode der Internodien. Reichsmark 2·40.

8. L. Jost und G. v. Ubisch. Zur Windefrage. Reichsmark 0·80.

9. Wilhelm Salomon. Gibt es Gesteine, die für bestimmte Erdperioden charakteristisch sind? Reichsmark 0·30.

10. Ernst Roeser. Der reelle Übergang zwischen den beiden nichteuklidischen Geometrien und ihrem Parallelenbegriff. Reichsmark 1·20.

Abhandlungen der Heidelberger Akademie der Wissenschaften

Mathematisch-naturwissenschaftliche Klasse

Abteilung A

12. Mohr, Ernst. Über den Zusammenhang zwischen der Struktur und den morphologischen Merkmalen des Diamanten. 1924. Reichsmark 3·50

Druck: Hermann Böhlaus Nachfolger Hof-Buchdruckerei G. m. b. H. Weimar.

Papier | Fördert gute Waldnutzung
FSC® C083411

Zeitfracht Medien GmbH
Ferdinand-Jühlke-Straße 7
99095 Erfurt, Deutschland
produktsicherheit@kolibri360.de